LA
BASSE-COUR

264
1872

LA

BASSE-COUR

Les vacances venaient de commencer, et M. de Gerbois, officier supérieur d'un grand mérite, s'était empressé de profiter du congé qu'il avait obtenu, et du temps où les études de ses enfants étaient suspendues, pour venir passer un à deux mois à la terre de la Falunerie, qu'il venait d'acquérir dans la Normandie.

Toute la famille du général se promettait un grand plaisir de ce séjour à la campagne; les enfants surtout, qui avaient passé toute leur jeunesse à Paris, presque sans sortir des barrières, ne se possédaient pas de joie. Tout ce qui frappait leurs regards était nouveau pour eux, et l'on n'avait pu obtenir d'eux qu'ils se tinssent un instant tranquilles dans la voiture. C'étaient sans cesse des exclamations sur les objets devant lesquels ils passaient rapidement ; c'étaient des questions sans cesse renaissantes, auxquelles le général et sa femme répondaient toujours avec une admirable patience, mais qui étaient si multipliées, qu'on ne pouvait satisfaire à toutes à la fois.

« Mes petits amis, disait le général, je vois avec plaisir que vous voulez mettre votre excursion à profit, et que vous cherchez avidement à vous instruire. Je veux aussi que le séjour que nous allons faire en Normandie vous fasse acquérir des connaissances usuelles et pratiques, qui vous seront très-utiles ; mais n'allons pas si vite, si nous voulons avancer ; procédons avec ordre, si nous voulons conserver le souvenir de ce que nous aurons appris. Je conçois que des enfants qui n'ont encore vu d'arbres que ceux des Tuileries ou du Luxembourg soient frappés de ces bois et de ces vergers qui bordent la route ; je conçois que vous désiriez savoir comment on cultive les champs, comment on récolte les blés, comment on en fait de la farine, etc. Mais attendez que nous soyons arrivés à la Falunerie ; là nous suivrons ensemble les opérations de l'agriculture dans toutes ses parties ; nous admirerons la bonté de la Providence, qui a pourvu si abondamment à tous les besoins de la créature, et vous verrez quels moyens les hommes ont imaginés pour tirer le plus de fruits possibles de la terre qu'ils cultivent et des animaux qu'ils nourrissent. Contentez-vous pour aujourd'hui d'admirer la beauté du paysage et les effets variés de la perspective, nous aurons le temps de descendre dans les détails quand nous serons arrivés à notre destination. »

Ces discours et ces promesses calmèrent un peu l'impatience de nos jeunes voyageurs, qui se contentèrent de regarder de tous leurs yeux par les portières de la voiture, en se communiquant les uns aux autres leurs observations naïves.

Pendant qu'ils sont ainsi occupés, faisons plus ample connaissance avec eux : l'aîné, qui se donne déjà des airs de protecteur à l'égard de son frère et de sa sœur, et qui porte un frac d'uniforme, c'est Aristide, jeune garçon de onze ans, qui vient de faire sa septième au collége Henri IV; près de lui est assise sa sœur Léontine, charmante enfant de neuf à dix ans, qui joue déjà fort gentiment du piano, et qui sait très-bien sa géographie, ce qui ne l'a pas empêchée de s'écrier déjà plusieurs fois : « Ah ! mon Dieu ! que le monde est grand ! Voyez combien nous avons déjà fait de chemin, combien nous avons vu de clochers, combien nous avons traversé de rivières, et nous ne sommes encore qu'aux deux tiers de notre voyage : qu'est-ce donc lorsqu'on va visiter les pays étrangers ! »

Quant à ce gros blondin qui commence à céder malgré lui à la fatigue et à la chaleur, dont vous voyez les grands yeux bleus se fermer de temps en temps, et dont la figure joufflue repose sur les genoux de sa mère, c'est Fernando, familièrement appelé Dodo par toute la famille. Gros garçon de sept ans, plein de douceur et de naïveté, Fernando est gâté par tous ses parents, et même par son frère et sa sœur, auxquels il obéit toujours sans murmurer, surtout lorsqu'ils lui donnent quelque friandise. On n'aurait rien à reprocher à Fernando s'il n'était un peu gourmand.

Enfin l'on arrive à la Falunerie ; c'était un vieux manoir construit au milieu d'un parc délicieux. Les fenêtres un peu étroites, les toits hauts et pointus, les cheminées chargées de sculptures et les gargouilles en pierre donnaient à l'extérieur de cette maison un air de vétusté qui s'accordait merveilleusement avec le paysage où elle était jetée ; toutefois l'intérieur avait été complétement restauré par les soins du général, et autant il avait respecté l'écorce antique du monument, autant il avait mis de soin à ce que la disposition intérieure offrît tous les agréments et même toute la recherche que présentent toutes les constructions modernes. Mme de Gerbois fut agréablement surprise à la vue de cette charmante habitation; car son mari lui avait laissé ignorer tous les efforts qu'il avait faits pour lui rendre ce séjour agréable.

Il était tard quand on arriva au château : cependant les enfants voulurent aller parcourir le parc; il fallut leur montrer les principales allées, la pièce d'eau, le petit bois, et on ne put les décider à aller prendre du repos qu'après qu'ils eurent choisi les arbres auxquels on attacherait la balançoire, et qu'ils eurent arrêté le plan de leurs amusements du lendemain. Enfin les remontrances de la gouvernante, jointes à la fatigue de la route, les déterminèrent à se rendre dans leurs chambres, où ils prirent un repos rendu plus agréable encore par les doux projets au milieu desquels ils fermèrent les yeux.

Le lendemain, de bonne heure, Aristide et Léontine allèrent recommencer leur promenade de la veille, et admirèrent avec un vif sentiment de plaisir cette fraîcheur des champs, cet air embaumé dont ils n'avaient jamais senti la bienfaisante influence. Ils se montraient l'un à l'autre les gouttes de rosée qui tremblaient à l'extrémité des feuilles, et que coloraient les rayons du soleil; ils ne pouvaient assez s'extasier sur le plaisir pur et parfait que fait éprouver une belle matinée à la campagne. Bientôt les jeux succédèrent à la contemplation, et les deux enfants étaient très-occupés à faire courir des cerceaux sous la charmille, lorsque le gros Fernando vint leur annoncer d'un air très-affairé que l'on allait déjeuner. En effet, la cloche se fit entendre au même instant. Aristide et sa sœur, prenant leur jeune frère chacun par une main, coururent vers la maison, en répondant par des cris de joie à l'appel de la cloche.

« Mes enfants, dit Mme de Gerbois, la cuisinière n'est pas encore arrivée, et votre déjeuner s'en ressentira un peu; mais à la campagne on n'est jamais embarrassé : voilà des œufs excellents que j'ai voulu aller chercher moi-même à la basse-cour.

— Et j'y ai été aussi, s'écria Fernando

la bouche pleine, et j'y ai vu une quantité de petits poulets si jolis, si jolis...; je voudrais bien en avoir un rôti pour dîner.

— O maman, que j'aimerais voir aussi ces petits poulets! s'écria Léontine.

— Eh bien! mes enfants, dit M. de Gerbois, nous commencerons par là nos promenades instructives et intéressantes. Je vais vous conduire à la basse-cour dès que nous aurons déjeuné, et, mon Buffon à la main, je vous donnerai, sur les animaux utiles que nous y trouverons, des détails qui vous intéresseront plus que vous ne pouvez le supposer. »

Les enfants accueillirent cette proposition avec empressement, et une demi-heure après toute la famille entrait dans la basse-cour qui dépendait de la propriété.

« Mes amis, dit M. de Gerbois, commençons par le maître de ces lieux. Le *Coq* est le roi de la basse-cour, et son port fier et altier indique qu'il sent sa noblesse et son empire. Il a du feu dans les yeux, de la liberté dans la démarche, de la grâce dans les mouvements, et des proportions qui annoncent la force et la valeur; il est souvent obligé de déployer toute d'énergie de son courage quand un rival veut lui disputer son petit royaume. Il ne cède qu'avec la vie les lieux dont il a pris possession, et c'est avec une fureur qu'il ne saurait maîtriser qu'il se jette sur son ennemi. L'homme a su tirer parti pour son amusement de cette antipathie d'un coq pour un autre coq; les anciens dressaient ces animaux à combattre les uns contre les autres, et les Anglais ont adopté ce goût avec passion. Ces combats sont quelquefois en Angleterre l'occasion de paris ruineux. Les Chinois et les Indiens aiment aussi beaucoup ces jeux.

La *Poule* est la compagne du coq; elle est le trésor des basses-cours par sa fécondité. Ses œufs sont très-nourrissants, et vous savez qu'on les accommode de mille manières pour nos tables. On les conserve facilement en interceptant le passage de l'air au travers de leurs coquilles; pour cela on les enduit de graisse, de gomme ou de vernis, ou bien on les plonge dans l'eau, dans le son, dans la cendre, etc. La poule peut couver douze à dix-huit œufs, et, pendant vingt-un jours, elle les quitte à peine pour prendre la nourriture qui lui est indispensable. Quand les poussins sont éclos, la poule, qui a montré tant d'ardeur pour les couver, ne laisse pas refroidir son zèle. Son attachement, fortifié par la vue de ces petits êtres qui lui doivent la naissance, s'accroît encore tous les jours par de nouveaux soins qu'exige leur faiblesse. Sans cesse occupée d'eux, elle ne cherche de nourriture que pour eux ; si elle n'en trouve point, elle gratte la terre avec ses ongles, pour lui arracher les aliments qu'elle recèle dans son sein, et elle s'en prive en leur faveur. Elle les appelle lorsqu'ils s'égarent, les met sous ses ailes à l'abri des intempéries, et les couve une seconde fois ; elle se livre à ces tendres soins avec tant d'ardeur et de soucis, que sa constitution en est sensiblement altérée, et qu'il est facile de distinguer de toute autre poule une mère qui mène ses petits, soit à ses plumes hérissées et à ses ailes traînantes, soit au son enroué de sa voix et à ses différentes inflexions, toutes expressives et ayant toutes une forte empreinte de sollicitude et d'affection maternelles.

— Mais si elle s'oublie elle-même pour conserver ses petits, elle s'expose à tout pour les défendre. Paraît-il un épervier dans l'air, cette mère si faible, si timide, devient intrépide par tendresse ; elle s'élance au-devant de l'oiseau carnassier, qui souvent, étonné de son audace, de ses cris et de ses battements d'ailes, va chercher ailleurs une proie plus facile.

Si l'on donne à couver à la poule des œufs de cane ou de tout autre oiseau de rivière, son affection n'est pas moindre pour ces étrangers que pour ses propres poussins ; et lorsqu'ils vont, guidés par la nature, s'abattre ou se plonger dans la rivière voisine, c'est un spectacle singulier de voir la surprise, les inquiétudes, les transes de cette pauvre nourrice, qui tremble et se désole, croyant sa couvée dans un péril imminent, sans qu'elle puisse lui porter du secours.

Les naturalistes placent à côté du coq et de la poule les *Faisans*, qui se font aisément reconnaître à leur longue queue étagée, composée de dix-huit pennes, et à leur plumage orné de reflets éclatants. Le mâle est un bel oiseau dont la tête et le cou sont d'un vert doré, le reste du corps d'un marron tirant sur le pourpre et très-brillant, et la queue grisâtre mêlée de brun et de marron. La délicatesse de leur chair les fait élever en domesticité ; mais leur éducation exige de grands soins et de grandes dépenses, et les *faisanderies* sont de nos jours devenues assez rares. L'espèce la plus commune et la plus anciennement connue se trouve abondamment à l'état sauvage dans la Caucase, et dans les plaines couvertes de joncs qui avoisinent la mer Caspienne. On croit généralement que son introduction en Grèce date de l'expédition des Argonautes aux bords du Phase.

Il y a trois autres espèces, originaires de la Chine : la plus belle est le *Faisan doré ;* sa tête est ornée d'une huppe pendante d'un jaune d'or ; son cou est revêtu d'une collerette orangée maillée de noir; son ventre est rouge de feu ; le haut de son dos est vert, les ailes rousses avec une belle tache bleue ; sa longue queue est brune tachetée de gris.

— Papa, s'écria Léontine, qu'est-ce donc que cette espèce de grosse poule brune tachetée de blanc que l'on a parquée à part, et qui fait tant de bruit dans son coin.

— Ce sont des *Pintades*. Remarquez, mes enfants, leur tête nue, garantie comme par un casque par une crête osseuse , et les barbillons charnus qui lui pendent aux joues.

Ces oiseaux sont originaires d'Afrique, où ils vivent en bandes nombreuses. La femelle dépose jusqu'à cent cinquante œufs dans son nid, pourvu qu'on ait la précaution d'y en laisser toujours quelques-uns. Les pintades se multiplieraient donc rapidement; mais ce sont des animaux tellement pétulants et criards, qu'on les souffre rarement dans les basses-cours, où d'ailleurs ils portent le désordre, en attaquant sans cesse à coups de bec les poules et les dindons.

— Ah ! les *Dindons*, les voilà, n'est-ce pas, papa ? dit Aristide : c'est ce gros oiseau noir si laid, si lourd et si maladroit. Je ne suis pas surpris qu'on ait fait de son nom le synonyme de ridicule et de stupide.

— Si tu voyais cet oiseau dans les plaines de l'Amérique, d'où il est originaire, il ne te semblerait pas si lourd et si maladroit. On dit qu'il y déploie autant d'énergie, de noblesse, de grâce, qu'il montre de pesanteur dans la captivité.

Si le coq ordinaire est l'oiseau le plus utile de la basse-cour, le dindon domestique en est le plus remarquable, soit par la grandeur de sa taille, soit par la forme de sa tête, soit par certaines habitudes naturelles. Sa tête, qui est fort petite, manque de la parure ordinaire aux oiseaux, car elle est presque entièrement dénuée de plumes et recouverte de mamelons rougeâtres; sur la base du bec supérieur s'élève une caroncule charnue de forme conique, sillonnée par des rides transversales assez profondes. Si quelque objet étranger se présente inopinément, cet oiseau, qui n'a rien dans son port ordinaire que d'humble et de simple, se rengorge tout à coup avec fierté; sa tête et son cou se gonflent, la caroncule conique se déploie, toutes ces parties charnues se colorent d'un rouge plus vif; en même temps les plumes du bas du cou et du dos se hérissent, et la queue se dresse en éventail tandis que ses ailes s'abaissent en se déployant jusqu'à traîner par terre. Sa femelle, qu'on appelle *Poule d'Inde*, couve deux fois par an jusqu'à vingt-cinq œufs à la fois.

Le dindon vit de grains, d'herbes, de racines, de fruits et d'insectes, dont il purge les jardins et les champs. Sa chair est savoureuse et nourrissante.

— N'est-ce pas un *Paon* que j'aperçois perché sur cet arbre? dit à ce moment Léontine. Ah! qu'il y a de grâce dans les mouvements de son cou! que je voudrais lui voir faire la roue! Quel beau plumage! je n'en avais jamais vu de vivants.

— Oui, ma fille, reprit M. de Gerbois, c'est un paon; le voilà qui se perche sur le toit de cette étable : il fera peut-être la roue si nous semblons l'examiner, car on prétend que ces animaux sont sensibles aux éloges que leur attire leur magnifique plumage. En attendant, écoutez ce qu'en dit Buffon :

« Si l'empire appartenait à la beauté, et non à la force, le paon serait sans contredit le roi des oiseaux : il n'en est point sur qui la nature ait versé ses trésors avec plus de profusion; la taille grande, le port imposant, la démarche fière, la figure noble, les proportions du corps élégantes et sveltes, tout ce qui annonce un être de distinction lui a été donné; une aigrette mobile et légère, peinte des plus riches couleurs, orne sa tête et l'élève sans la charger; son incomparable plumage semble réunir tout ce qui flatte nos yeux dans le coloris tendre et frais des plus belles fleurs, tout ce qui les éblouit dans les reflets pétillants des pierreries, tout ce qui les étonne dans l'éclat majestueux de l'arc-en-ciel. Non-seulement la nature a réuni sur le

plumage du paon toutes les couleurs du
ciel et de la terre pour en faire le chef-
d'œuvre de sa magnificence, elle les a encore mêlées, assorties, nuancées, fondues
de son inimitable pinceau, et en a fait un
tableau unique, où elles tirent de leurs mé-
langes avec des nuances plus sombres, et de
leurs oppositions entre elles, un nouveau
lustre, et des effets de lumière si sublimes,
que notre art ne peut ni les imiter ni les
décrire.

« Tel paraît à nos yeux le plumage du
paon, lorsqu'il se promène paisible et seul
dans un beau jour de printemps ; mais si
quelque excitation se joint aux influences
naturelles de la saison et lui inspire une
nouvelle ardeur, alors toutes ses beautés
se multiplient, ses yeux s'animent et pren-
nent de l'expression, son aigrette s'agite sur
sa tête et annonce l'émotion intérieure; les
longues plumes de sa queue déploient en se
relevant leurs richesses éblouissantes, sa
tête et son cou se renversent noblement en
arrière, se dessinent avec grâce sur ce front
radieux, où la lumière du soleil se joue en
mille manières, se perd et se reproduit
sans cesse, et semble prendre un nouvel
éclat plus doux et plus moelleux, de nouvelles couleurs plus variées et plus harmo-

nieuses; chaque mouvement de l'oiseau produit des milliers de nuances nouvelles, des gerbes de reflets ondoyants et fugitifs sans cesse remplacés par d'autres reflets et d'autres nuances toujours diverses et toujours admirables.

« Mais ces plumes brillantes, qui surpassent en éclat les plus belles fleurs, se flétrissent aussi comme elles et tombent chaque année; le paon, comme s'il sentait la honte de sa perte, craint de se faire voir dans cet état humiliant, et cherche les retraites les plus sombres pour s'y cacher à tous les yeux, jusqu'à ce qu'un nouveau printemps, lui rendant sa parure accoutumée, le ramène sur la scène pour y jouir des hommages dus à sa beauté. On prétend qu'il en jouit en effet, qu'il est sensible à l'admiration, que le vrai moyen de l'engager à étaler ses belles plumes, c'est de lui donner des regards d'attention et de louanges, et qu'au contraire, lorsqu'on paraît le regarder froidement et sans beaucoup d'intérêt, il replie tous ses trésors et les cache à qui ne sait point les admirer. »

Ce superbe oiseau, originaire du nord de l'Inde, a été apporté en Europe par Alexandre, roi de Macédoine. Les individus sauvages surpassent encore en beauté les individus domestiques; les teintes de leur plumage sont plus pures, et n'ont aucune de ces altérations que la domination de l'homme imprime sur tous les animaux qu'il se soumet.

Mes chers enfants, continua M. de Gerbois, vous voyez sur le toit, à côté du paon, ce joli oiseau dont le corps est cendré, la queue blanche rayée de noir à l'extrémité, et qui fait entendre un son plaintif que l'on nomme roucoulement : c'est le *Pigeon*. Il se trouve à l'état sauvage dans les forêts et les rochers de l'Europe, où on le désigne par le nom de *ramier*. Il a été difficile de subjuguer et de rendre domestiques des oiseaux légers, indépendants, amis de la liberté, tandis qu'il n'a fallu presque aucune peine pour réduire à l'esclavage des oiseaux lourds, pesants, et qui dans nos basses-cours ne semblent prendre aucun souci de la perte de leur liberté sauvage. Les pigeons ne sont réellement ni domestiques ni prisonniers comme les poules; ce sont plutôt des captifs volontaires, des hôtes fugitifs, qui ne se tiennent dans le logement qu'on leur offre qu'autant qu'ils s'y plaisent, qu'ils y trouvent une nourriture abondante, un gîte agréable et

toutes les commodités nécessaires à la vie.
Quelques espèces, même dans nos colombiers, se montrent plus indépendantes que d'autres. Les premières abandonnent quelquefois le toit qu'on leur avait préparé, pour aller nicher dans les trous des vieilles murailles ou les fentes de rochers, tandis que d'autres ne s'en écartent presque jamais, et vont chercher leur nourriture sans le perdre de vue. Ces oiseaux se multiplient beaucoup, et offrent sur nos tables une nourriture saine et recherchée. Nous possédons en France quatre espèces sauvages de ce genre : le *ramier*, qui est le plus grand de ces oiseaux, le *colombin ou petit ramier*, le *biset ou pigeon de roche*, et la *tourterelle*, un des plus aimables oiseaux que nous puissions élever dans nos habitations. On conserve quelquefois en volière pour l'agrément la *tourterelle rieuse ou à collier*, qui est originaire d'Afrique.

Ces oiseaux sont doués d'un vol très-rapide, et lorsqu'on les a enlevés des lieux où ils ont été élevés, leur instinct les y fait revenir avec une étonnante vitesse, du moment qu'on les laisse libres. Cette circonstance fait que l'on s'est servi d'eux avec succès pour leur faire porter des billets d'un point à un autre avec une promptitude dont aucun autre moyen ne peut approcher. Cet amusement est surtout en vogue en Belgique et en Hollande, où il donne lieu à des paris fort considérables. Ainsi souvent on voit arriver sur différents points de la France centrale et même méridionale, des hommes portant un certain nombre de pigeons renfermés dans des paniers. A un jour et à une heure fixés d'avance, on rend la liberté aux pigeons, qui s'élèvent aussitôt et perpendiculairement à une hauteur considérable. Là, ils s'orientent, et bientôt on les voit prendre leur vol vers le point d'où on les a amenés, et où ils s'en retournent en quelques heures. On prétend que c'est l'étendue prodigieuse de leur vue qui leur permet de reconnaître de loin les lieux qui leur sont familiers, et de se diriger sur eux avec certitude.

Des ornithologistes ont donné le nom de *pigeons voyageurs* à une espèce nombreuse que l'on trouve en Amérique, et dont les habitudes justifient pleinement cette dénomination. En effet, tantôt fixés près du golfe du Mexique, et tantôt visitant les côtes de la baie d'Hudson, ces courses leur font parcourir près de deux mille huit cents kilomètres suivant la direction du méridien. Leur vol s'étend moins

en longitude, et ne dépasse point la chaîne
des montagnes Rocheuses; quelques individus plus aventureux, ou entraînés hors
des régions qu'ils fréquentent plus habi-
tuellement, traversent l'Océan, et viennent
quelquefois jusqu'en Écosse. Leur puis-
sance de vol et la portée de leur vue sont
étonnantes; de la hauteur à laquelle ils
s'élèvent dans l'air, ils aperçoivent sur les
arbres les petits fruits dont ils se nourrissent, les baies de genièvre ou les ai-
relles, et, lorsqu'ils s'arrêtent au milieu de
leur course, ce n'est jamais infructueuse-
ment. Comme ils volent en troupes nombreuses et serrées, au point qu'ils inter-
ceptent quelquefois la lumière du soleil, on
a pu mesurer leur vitesse par les moyens
que donne celle des nuages, et il est avéré
qu'ils ne font pas moins de cent kilomètres
par heure.

La structure et la forme du corps favorisent dans ces oiseaux les longs voyages
qu'ils entreprennent. Leurs ailes sont pro-
portionnellement plus longues que dans
aucune autre espèce du genre; leur queue
fourchue et d'une grande surface est un
gouvernail proportionné à l'étendue et à la
force de leurs ailes. Le mâle est non-seulement plus beau, mais encore plus grand

que la femelle ; depuis le bec jusqu'à l'extrémité de la queue, sa longueur est d'environ soixante-dix centimètres. La tête est d'un bleu d'ardoise, les ailes et le dessus du corps du même bleu parsemé de taches noires et brunes ; la poitrine est d'une couleur de noisette rougeâtre ; le cou est orné des plus belles couleurs : l'or, le vert, le pourpre, un écarlate magnifique y brillent de tout leur éclat ; le ventre est d'un blanc pur, les jambes et les pieds d'un beau rouge ; une large bande d'un noir lustré traverse la queue dans toute sa longueur.

Une bande de ces oiseaux observée près des bords de l'Ohio s'étendait sur une largeur d'environ deux mille mètres, et sa longueur était au moins de trois cents kilomètres ; elle mit près de quatre heures à passer au-dessus de la tête du naturaliste Audubon ; ce nuage d'oiseaux était composé de plusieurs centaines de millions. Lorsqu'une troupe de ce genre s'abat sur une forêt pour y chercher sa subsistance, elle y produit l'effet d'une tempête ; les plus grosses branches se cassent sous le poids des pigeons et tombent avec leur fardeau. Leurs nids, rapprochés autant que possible, couvrent d'immenses forêts ; lorsque l'un de ces juchoirs est découvert, les colons américains s'y portent en foule, abattent les arbres chargés de nids, et font fondre la graisse des pigeonneaux, qui est pour eux d'une immense ressource. Un grand arbre chargé de nids et de jeunes oiseaux suffit quelquefois pour fournir à une famille sa provision de graisse durant plusieurs mois.

— Papa, fit observer Aristide, vous ne nous avez pas encore parlé de ces animaux qui barbotent dans cette pièce d'eau, qui y plongent à tout moment la tête, et qui semblent nager si facilement.

— Patience, mon ami, nous ne pouvons tout voir en même temps. Les oiseaux dont nous nous sommes occupés sont des gallinacés, ainsi nommés parce qu'ils ont quelque rapport avec notre coq domestique. Ceux que tu me signales sont des palmipèdes : tous ces oiseaux ont pour caractère général d'avoir les doigts réunis par de larges membranes, et les pieds placés à la partie postérieure de leur corps. Ces circonstances favorisent extrêmement la natation, et font de ces oiseaux de parfaits nageurs, et l'on pourrait dire, avec plus de raison encore, de parfaits navigateurs. Leur corps, en général, conformé inférieurement comme la carène d'un navire, leurs pattes aplaties comme des rames, leur cou avancé qui fend les flots comme la proue d'un vaisseau, tout indique le but et les intentions du Créateur. En outre, les palmipèdes ont un plumage ferme, serré, lustré, imbibé d'un suc huileux qui le rend imperméable à l'eau, et qui protége puissamment le corps contre les variations de l'atmosphère et la température souvent très-basse des eaux.

On peut regarder l'eau comme l'élément des palmipèdes ; c'est dans son sein, en effet, qu'ils cherchent leur nourriture, et à sa surface qu'ils passent la plus grande partie de leur vie. Ils ne s'en écartent un peu que pour faire leur ponte, et encore ont-ils la précaution de ne pas trop s'éloigner de leur séjour favori. Leur nid est placé dans les joncs, les grandes herbes qui croissent sur les plages humides, les fentes des rochers qui avoisinent le rivage, et ils ont soin d'en garnir attentivement l'intérieur d'un duvet moelleux que leur courageux instinct d'amour leur fait arracher de dessous leur corps. C'est dans ces nids que l'on recueille en abondance le précieux *édredon* que l'eider prodigue dans le berceau de sa jeune postérité.

On remarque que généralement les palmipèdes ont un long cou qui se balance avec grâce au-dessus des flots, qu'ils traversent en se jouant. On y compte un très-grand nombre de vertèbres cervicales, tellement articulées les unes avec les autres, que les deux mouvements de flexion et d'extension ne sont nullement gênés. Cette partie a pris chez ces oiseaux un développement si considérable pour que l'animal pût atteindre dans la profondeur des eaux les larves d'insectes aquatiques qui s'y développent, et les autres aliments dont il se nourrit.

Les plongeons, les pingouins, les manchots appartiennent à cet ordre, ainsi que les pélicans, les cormorans, les frégates, etc.

Ceux qui occupent en ce moment Aristide et qui battent des ailes sur les bords de l'eau, en étalant les bigarrures blanches, noires, brunes, bleues et vertes de leur plumage, sont tout simplement des *Canards*. Il y a des canards sauvages et des canards domestiques; les premiers nous fuient constamment, se tiennent sur les eaux, ne font, pour ainsi dire, que passer et repasser en hiver dans nos contrées, et s'enfoncent au printemps dans les régions du Nord sur les terres les plus éloignées de la présence

de l'homme. Ils ont les plumes plus lisses
et plus serrées que le canard domestique,
le cou plus menu, la tête plus fine, les
couleurs plus vives, la forme plus élégante,
plus légère, et dans tous leurs mouvements
on reconnaît la force, l'aisance, la grâce
et l'air de vie que donne le sentiment de la
liberté.

Les migrations de ces oiseaux paraissent
réglées; ils se montrent en France vers la
moitié du mois d'octobre; cette première

bande paraît être l'avant-garde, car en novembre on en voit arriver des quantités prodigieuses.

En arrivant dans quelque contrée, ces canards volent continuellement, et se portent d'un étang à un autre; jamais ils ne se reposent sans avoir fait plusieurs circonvolutions sur le lieu où ils voudraient s'abattre, comme pour l'examiner, le reconnaître et s'assurer s'il ne recèle aucun ennemi. Lorsque enfin ils s'abaissent, c'est toujours avec précaution; ils fléchissent leur vol et se lancent obliquement sur la surface de l'eau, qu'ils effleurent et sillonnent; ensuite ils nagent au large, et se tiennent toujours éloignés des rivages.

Leur nourriture ordinaire consiste en insectes aquatiques, en petits poissons, grenouilles, graines et plantes marécageuses. Ces oiseaux sont gourmands et insatiables; ils mangent de tout, et leur corps peut se charger d'une grande quantité de graisse. Les canards sont très-faciles à élever, coûtent peu à nourrir, et fournissent une chair bonne à manger, quoiqu'un peu lourde et de difficile digestion; les plumes de leur estomac et du ventre servent à faire nos couchers.

Les Chinois font la pêche des canards

d'une manière singulière : ils mettent leur tête dans une gourde percée de quelques trous ; ils nagent de manière à ne laisser voir que cette gourde, qui flottant sur l'eau n'inspire point de crainte aux canards. Ils en âpprochent tout près, les saisissent par les pattes, les tirent dans l'eau pour étouffer leurs cris, et leur tordent le cou.

Cet autre gros oiseau blanc et cendré, que vous voyez chercher sa nourriture dans la boue, c'est l'*Oie*. Le mâle est appelé *Jars*; il est stupide et vorace, mais c'est un gardien fidèle et sûr des maisons ; il a, en effet, le sommeil fort léger, et au moindre bruit il s'éveille et pousse des cris répétés. C'est cette vigilance qui, chez les Romains, avait fait mettre les oies au nombre des oiseaux sacrés, en reconnaissance des services qu'elles avaient rendus à la république en éveillant Manlius quand les Gaulois assiégeaient les Romains réfugiés dans la Capitole. De nos jours on leur prodigue moins d'honneur, et si on les élève en domesticité, c'est pour se nourrir de leur chair, qui est un assez bon manger, et user de leur dépouille duvetée. On en élève en grand nombre dans les provinces méridionales.

L'oie sauvage est maigre, de taille légère, et passe dans nos contrées dès la fin d'octobre ou les premiers jours de novembre. Son vol est très-élevé, sans bruit ni sifflement. Pour fendre l'air avec plus d'avantage et moins de fatigue, la troupe entière se range sur deux lignes obliques qui se réunissent et forment un angle aigu. Le conducteur se place au sommet, et se fait remplacer dans son poste fatigant quand ses efforts l'ont épuisé. On estime leur chair plus que celle de l'oie domestique.

— Mais il me semble, dit Léontine, que j'ai vu à Paris, dans les bassins des Tuileries, des oies bien plus belles que celles-là.

— Sans doute, répondit M. de Gerbois ; mais ces oies que tu as vues à Paris étaient des *Cygnes*. Cet oiseau est sans comparaison plus beau que l'oie ; cependant il faut se garder de trop mépriser cette dernière.

« Dans chaque genre, dit Buffon, les espèces premières ont emporté tous nos éloges et n'ont laissé aux espèces secondes que le mépris tiré de leur comparaison. L'oie, par rapport au cygne, est dans le même cas que l'âne vis-à-vis du cheval, tous deux ne sont pas prisés à leur juste valeur : le premier degré de l'infériorité paraissant être une vraie dégradation, et rappelant en même temps l'idée d'un modèle plus parfait, n'offre, au lieu des attributs réels de l'espèce secondaire, que ses contrastes désavantageux avec l'espèce première. Éloignant donc pour un moment la trop noble image du cygne, nous trouverons que l'oie est encore, dans le peuple de la basse-cour, un habitant de distinction. Sa corpulence, son port droit, sa démarche grave, son plumage net et lustré, et son naturel social qui la rend susceptible d'un fort attachement et d'une longue reconnaissance, enfin sa vigilance très-anciennement célèbre, tout concourt à nous représenter l'oie comme l'un des plus intéressants et même l'un des plus utiles de nos oiseaux domestiques; car, indépendamment de la bonne qualité de sa chair et de sa graisse, dont aucun autre oiseau n'est plus abondamment fourni, l'oie nous donne cette plume délicate sur laquelle la mollesse se plaît à reposer, et cette autre plume, instrument de nos pensées, avec laquelle nous écrivons ici son éloge. »

Le cygne est sans contredit le plus beau des animaux aquatiques; il est originaire des pays septentrionaux et naturalisé dans tous les pays d'Europe. On ne peut trop admirer la beauté de ses formes, la blancheur de son beau plumage, sa grâce, sa douceur et son courage ; écoutez ce qu'en dit Buffon.

« Dans toute société, soit des animaux, soit des hommes, la violence fait les tyrans, la douce autorité fait les rois. Le lion et le tigre sur la terre, l'aigle et le vautour dans les airs, ne règnent que par la guerre, ne dominent que par l'abus de la force et par la cruauté : au lieu que le cygne règne sur les eaux à tous les titres qui fondent un empire de paix : la grandeur, la majesté, la douceur, avec des puissances, des forces, du courage et la volonté de n'en pas abuser, et de ne les employer que pour la défense. Il sait combattre et vaincre sans jamais attaquer ; roi paisible des oiseaux d'eau, il brave les tyrans de l'air ; il attend l'aigle sans le provoquer, sans le craindre ; il repousse ses assauts en opposant à ses armes la résistance de ses plumes et les coups précipités d'une aile qui lui sert d'égide ; et souvent la victoire couronne ses efforts. Au reste, il n'a que ce fier ennemi ; tous les autres oiseaux de guerre le respectent, et il est en paix avec toute la nature. Il vit en ami plutôt qu'en roi au milieu des nombreuses peuplades des oiseaux aquatiques, qui toutes semblent se ranger sous sa loi ; il n'est que le chef, le premier habitant d'une république tranquille, où les citoyens n'ont rien à craindre d'un maître qui ne demande qu'autant qu'il leur accorde, et ne veut que calme et liberté.

« Les grâces de la figure, la beauté de la forme répondent dans le cygne à la douceur du naturel; il plaît à tous les yeux; il décore, embellit tous les lieux qu'il fréquente; on l'aime, on l'applaudit, on l'admire; nulle espèce ne le mérite mieux. La nature, en effet, n'a répandu sur aucune autant de ces grâces nobles et douces qui nous rappellent l'idée de ses plus charmants ouvrages : coupe de corps élégante, formes arrondies, gracieux contours, blancheur éclatante et pure, mouvements flexibles et ressentis, attitudes tantôt animées, tantôt laissées dans un mol abandon, tout dans le cygne respire l'enchantement que nous font éprouver les grâces et la beauté.

« A sa noble aisance, à la facilité, à la liberté de ses mouvements sur l'eau, on doit le reconnaître non-seulement comme le premier des navigateurs ailés, mais comme le plus beau modèle que la nature nous ait offert pour l'art de la navigation. Son cou élevé, sa poitrine relevée et arrondie, semblent, en effet, figurer la proue du navire fendant l'onde ; son large estomac en représente la carène ; son corps, penché en avant pour cingler, se redresse à l'arrière et se relève en poupe ; la queue est un vrai gouvernail, les pieds sont de larges rames, et ses grandes ailes demiouvertes au vent et doucement enflées sont les voiles qui poussent le vaisseau vivant, navire et pilote à la fois.

« Fier de sa noblesse, jaloux de sa beauté, le cygne semble faire parade de tous ses avantages ; il a l'air de chercher à recueillir les suffrages, à captiver les regards ; et il les captive en effet, soit que, voyageant en troupe, on voie de loin, au milieu des grandes eaux, cingler la flotte ailée, soit qu'en se détachant et s'approchant du rivage aux signaux qui l'appellent, il vienne se faire admirer de plus près, en étalant ses beautés, et développant ses grâces par mille mouvements doux, ondulants et suaves.

« Les anciens ne s'étaient pas contentés de faire du cygne un chantre merveilleux ; seul entre tous les êtres, qui frémissent à l'aspect de leur destruction, il chantait encore au moment de son agonie, et préludait par des sons harmonieux à son dernier soupir. Nulle fiction en histoire naturelle, nulle fable chez les anciens n'a été plus célébrée, plus répétée, plus accréditée; elle s'était emparée de l'imagination vive et sensible des Grecs; poëtes, orateurs, philosophes même, l'ont adoptée comme une vérité trop agréable pour vouloir en douter. Il faut bien leur pardonner leurs fables; elles étaient aimables et touchantes; elles valent bien de tristes, d'arides vérités; c'étaient de doux emblèmes pour les âmes sensibles. Les cygnes sans doute ne chantent point leur mort; mais toujours, en parlant du dernier effort et des derniers élans d'un beau génie près de s'éteindre, on rappellera avec sentiment cette expression touchante : *C'est le chant du cygne !* »

FIN

1808. — Tours, impr. Mame.

www.ingramcontent.com/pod-product-compliance
Ingram Content Group UK Ltd.
Pitfield, Milton Keynes, MK11 3LW, UK
UKHW021652090726
13657UKWH00004B/1927